搞懂基因，找出你的有效減重法

容易胖、很快累不是你的錯，掌握DNA關鍵，輕鬆達成不復胖、不衰老健康人生

植前和之—著

有些人不能限制醣質攝取。

有些人具有不能限制醣質攝取的基因

每**四位日本人**
就有一位
不能限制醣質攝取

有些人具有比別人老得快的基因。

有些人
具有容易老化的基因

日本人約有**六成**
老得比較快

比別人容易疲勞，有可能都是基因害的。

有些人具有容易疲勞的基因

有**九成**的日本人
都很容易覺得疲勞

我們的體內存在著各式各樣的基因。

這些基因除了決定我們的身材，也決定了我們的性格。

到目前爲止，身爲基因諮詢師的我，已爲三千多位顧客提供相關的諮詢服務。

我也因此明白了一些事情。

那就是有很多人對於健康與減重的基因非常感興趣。

本書正是要介紹與健康、減重密切相關且特別重要的六大基因群。

根據這六大基因群的特性，就能具體找出你擁有哪種基因。

只要了解自己的基因，就能以超出想像的速度，解決健康與減

重方面的煩惱。

比方說，我常在提供諮詢服務的時候，聽到下列這些狀況：

- 一吃東西就變胖
- 明明常慢跑，卻怎麼也瘦不下來
- 最近好像黑斑與皺紋越來越多
- 不知道是不是老了，總覺得很容易累
- 爲了雕塑身材去努力重訓，效果卻一直不如預期
- 不管是什麼季節，手腳都很冰冷

這些煩惱，其實與六大基因群極度相關。

與健康、減重有關的六大基因群

醣質限制基因群

- 不能限制醣質攝取的基因
- 可以限制醣質攝取的基因
- 非常適合限制醣質攝取的基因

代謝症候群基因群

- 不太會罹患代謝症候群的基因
- 會慢慢罹患代謝症候群的基因
- 很容易罹患代謝症候群的基因

* 爲了方便大家了解，這些基因的分類與名稱都不是正式的醫學名稱。

肌肉基因群

- 粗壯基因
- 自在基因
- 精壯基因

肥胖基因群

- 瘦瘦基因
- 肉肉基因
- 胖胖基因

瞬累基因群

- 耐力十足基因
- 容易疲勞基因
- 立刻疲勞基因

老化基因群

- 不易老化基因
- 容易老化基因

市面上有許多追求健康的方法，也有各種減重的祕方，但有時候就是看不到效果。

這是因爲你不夠努力嗎？

當然不是，你沒有錯，錯的是沒使用適合自己的體質，也就是沒使用適合自己基因的方法努力。

不過，基因不像血壓，沒辦法一測就知道結果。

就算要檢測基因，往往得耗費不少金錢與時間。

因此本書根據過去的基因檢測經驗以及提供諮詢服務的成效，設計了一張自我檢測表。

只要回答這張自我檢測表，**就能大致了解自己的基因**。

這張自我檢測表就稱爲「**植前式基因檢測表**」。

我是日本基因諮詢師的先驅，到目前爲止已經爲三千多位顧客調查基因與提供諮詢服務。

每個月舉辦30場以上的健康相關演講，也聆聽著許多人的煩惱。

在這張自我檢測表中，我根據上述的經驗替每種基因分類設計了五個問題。

雖然這些問題都很簡單，但只要能回答**就可大概知道基因的傾向。**

請您務必試試看。

Check 1

了解你擁有怎樣的醣質限制攝取基因

1 常吃飯與麵包，但不會胖 □

2 肚子一餓就會流汗，雙手會不斷顫抖 □

3 再怎麼重訓也長不出肌肉 □

4 與同年齡的人相比身形偏細瘦 □

5 肚子餓的時候，吃鮪魚或是肝臟類的食物，皮膚會變紅或是發癢 □

* 如果符合三個，代表屬於 A 型，符合 1 ～ 2 個的人爲 B 型，一個都不符合的人爲 C 型

A

不能限制醣質攝取的基因

需要大量醣質的體質，所以限制醣質攝取（減醣）很危險。

23%

B

可以限制醣質攝取的基因

只要不攝取過多的醣質就不會變胖。如果已經變胖，也只需要限制醣質攝取量就能減肥。

52%

C

非常適合限制醣質攝取的基因

越攝取醣質，累積在身體裡的醣質越多，所以需要定期限制醣質攝取量。

25%

細節請參考 29 頁

上述的數字代表日本人有多少百分比符合這種基因。是根據植前和之的三千位日本人基因諮詢結果算出的數值。

Check 2

了解你擁有怎樣的代謝症候群基因

1	一吃太油膩的食物就立刻變胖	□
2	常慢跑或是做有氧運動也很難瘦下來	□
3	看起來不胖，但是膽固醇很高	□
4	一過三十幾歲，體重就降不下來	□
5	被醫生宣告有代謝症候群的問題	□

* 如果符合三個，代表屬於 C 型，符合 1 ～ 2 個的人爲 B 型，一個都不符合的人爲 A 型

A

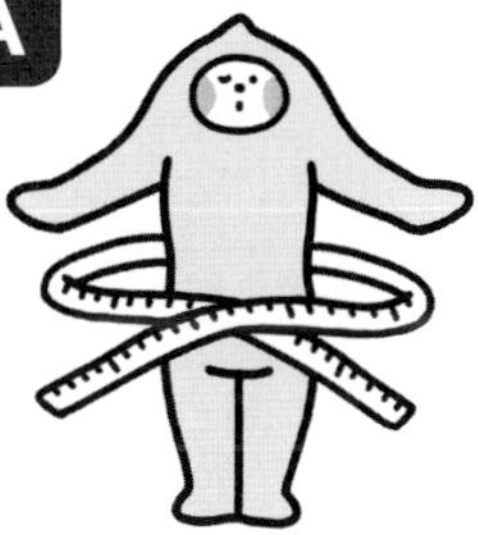

不太會罹患
代謝症候群的基因

身體燃燒脂肪的能力很強，所以不太會囤積內臟脂肪。

57%

B

會慢慢罹患
代謝症候群的基因

身體燃燒脂肪的能力很低，所以很容易囤積內臟脂肪。

36%

C

很容易罹患
代謝症候群的基因

身體燃燒脂肪的能力非常低，動不動就會囤積內臟脂肪。

7%

細節請參考 51 頁

上述的數字代表日本人有多少百分比符合這種基因。是根據植前和之的三千位日本人基因諮詢結果算出的數值。

Check 3

了解你擁有怎樣的肥胖基因

1 常常手腳冰冷 □

2 體溫很高時，手腳也是冰冷的 □

3 全身很容易囤積皮下脂肪 □

4 一過三十幾歲，體重就很難降下來 □

5 不太會流汗 □

* 如果符合三個，代表屬於 C 型，符合 1 ～ 2 個的人爲 B 型，一個都不符合的人爲 A 型

A

瘦瘦基因

身體製造熱量的能力很高，所以不太會囤積皮下脂肪。

34%

B

肉肉基因

身體不太會製造熱量，所以很容易囤積皮下脂肪。

47%

C

胖胖基因

身體非常不會製造熱量，所以一下子就會出現皮下脂肪型肥胖的問題。

19%

細節請參考 73 頁

上述的數字代表日本人有多少百分比符合這種基因。是根據植前和之的三千位日本人基因諮詢結果算出的數值。

Check 4

了解你擁有怎樣的老化基因

1 很容易出現黑斑與皺紋 □

2 一換化妝品，皮膚就變得粗糙 □

3 看起來比實際年齡老 □

4 白頭髮比同年齡的人多 □

5 比同年齡的人更早看不清楚近物 □

* 只要符合一個就屬於 B 型，一個都不符合的人爲 A 型

A

不易老化基因

身體抗氧化的能力很強，老化現象來得比較晚。

39%

B

容易老化基因

身體抗氧化的能力較弱，所以老化現象來得比較快。

61%

細節請參考 95 頁

上述的數字代表日本人有多少百分比符合這種基因。是根據植前和之的三千位日本人基因諮詢結果算出的數值。

Check 5

了解你擁有怎樣的肌肉基因

1 就算還年輕，重訓也不太會長肌肉 □

2 曾因爲突然運動而肌肉拉傷或是肌腱斷裂，有過肌肉損傷的經驗 □

3 比起短跑，更擅長長跑 □

4 不太擅長需要速度的動作 □

5 比較擅長需要持之以恆的運動 □

* 如果符合三個，代表屬於 C 型，符合 1 ～ 2 個的人爲 B 型，一個都不符合的人爲 A 型

A

粗壯基因

經常使用會變粗的肌肉，所以很容易長肌肉。

20%

B

自在基因

可透過訓練變得很壯或是精壯。

52%

C

精壯基因

不擅長使用會變粗的肌肉，所以很難長肌肉。

28%

細節請參考 117 頁

上述的數字代表日本人有多少百分比符合這種基因。是根據植前和之的三千位日本人基因諮詢結果算出的數值。

Check 6

了解你擁有怎樣的瞬累基因

1 很少感到疲勞 □

2 睡眠時間較短也無所謂 □

3 就算覺得有點累，只要休息一下就能恢復精神 □

4 血壓不太會因爲運動而上升 □

5 算是動作慢吞吞，悠哉悠哉的類型 □

* 如果符合五個，代表屬於 A 型，符合 1 ～ 2 個的人爲 B 型，一個都不符合的人爲 C 型

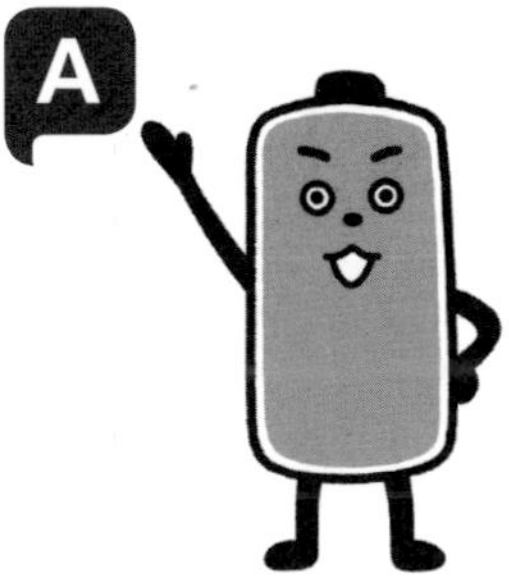

耐力十足基因

能一邊做事，一邊消除疲勞，所以不太會累。日本人很少這種類型。

9%

容易疲勞基因

會一點一點消耗熱量，所以會慢慢變累。

77%

立刻疲勞基因

一下子就會用完熱量，所以很快就會覺得累。

14%

細節請參考 139 頁

上述的數字代表日本人有多少百分比符合這種基因。是根據植前和之的三千位日本人基因諮詢結果算出的數值。

你是否知道自己擁有怎樣的六大基因類型了呢？

這張自我檢測表可根據你從父親與母親那遺傳的兩種基因狀態，來判斷基因的種類。或許正確度比唾液分析檢查還低，**但與三千名顧客的諮詢結果傾向幾乎一致。**

利用自我檢測表了解基因類型之後，**請依照你的基因特性選擇適當的養生方式與減重方式。**

一定能看到成效才對。

之前再怎麼努力也沒有結果，絕對不是你的問題。

基因會對你的人生造成深遠的影響。

基因的種類很有可能改變你的生活型態，**所以了解基因是讓你的人生變得更好的第一步。**

注意!!

固然本書介紹的基因檢測是以正確爲前提，但也有失準的時候。如果實際嘗試之後，發現結果不如預期，可前往專門的機構接受基因檢測，或是尋求醫師的協助。

此外，如果目前已經接受醫師的診療，仍請尋求醫師的協助。

CONTENTS

第2章

代謝症候群基因

明明吃一樣的東西，為什麼有些人會胖，有些人卻不會胖呢？

第3章

肥胖基因

皮下脂肪過多，都是基因害的！

第5章 肌肉基因

目前已知最有效的身材雕塑術

第6章

瞬累基因

大部分的日本人都是很容易疲勞的基因

第1章

醣質限制攝取基因

非常適合限制醣質攝取量的人
與
不能限制醣質攝取量的人

有些人不能限制醣質攝取量

現在說到減重，大部分的人都會想到以少吃白米飯、麵包、麵食類，來控制「醣質攝取量」的「減醣」法，也有許多人「晚餐的時候不吃飯」或「外食的時候選擇低醣的料理」。

短短幾年，這種方法似乎成爲養生與減重的主流，但是，這種限制醣質攝取量的方法有一個很大的盲點，那就是**「有些人其實不能限制醣質攝取量」**。

不僅無法得到想要的效果，還有可能越限制醣質攝取量，越危害健康。

那要如何決定自己是否能限制醣質攝取量呢？

「醣質限制基因」可快速回答這個問題。

所謂的「醣質限制基因」，就是決定體內的醣質會如何轉換成熱量的基因。

汽車沒有加油就跑不動，同樣的道理，我們的身體沒有攝取能轉換成熱量的營養就無法活下去，而醣質就是身體的主要熱量來源之一。

有些人的基因讓身體特別能夠節省熱量，有些人的基因卻讓身體很容易消耗熱量。

如果你的基因屬於容易消耗熱量的類型，你又不適度地補充醣質，那麼熱量當然一下子就會消耗殆盡。

人體一旦耗盡熱量，就會對健康造成嚴重的影響，這部分會在後面有更進一步的說明。

另一方面，醣質限制基因所下達的指令也各有不同。

A 不能限制醣質攝取的基因：「請盡可能使用醣質！」

B 可以限制醣質攝取的基因：「請慢慢使用醣質。」

C 非常適合限制醣質攝取的基因：「請節約使用醣質！」

由於使用醣質的方法不同，所以每天消耗的醣分也不同。若問到底有多麼不同，以「非常適合限制醣質攝取的基因」爲標準（0大卡），「可以限制醣質攝取的基因」一天約讓人體多消耗40大卡，「不能限制醣質攝取的基因」則大概一天會讓人體多消耗300大卡。若問300大卡是多少，差不多就是兩碗白飯的量。

A

不能限制醣質攝取的基因

- 限制醣質攝取有可能危及生命
- 稍微多攝取一點醣質也不會變胖
- 要減重就選擇重訓
- 不要攝取維他命 B 群這類營養補充品
- 很難長肌肉，最好將目標放在練出精壯的身材

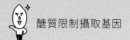

B

可以限制醣質攝取的基因

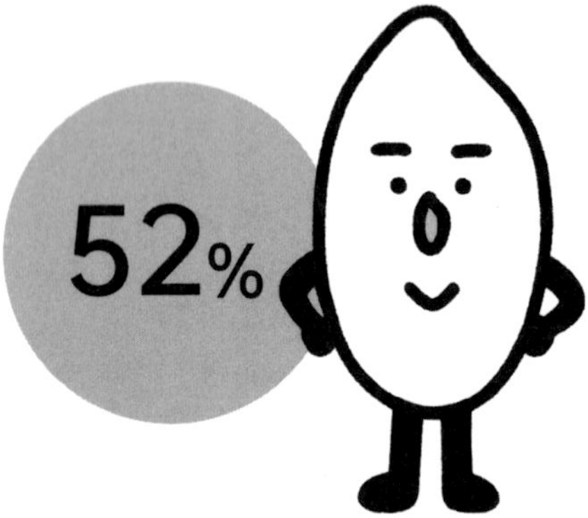

- 最好能限制醣質攝取
- 稍微多攝取醣質就容易變胖
- 攝取太多醣質會加速老化
- 要減重就選擇有氧運動
- 要攝取營養補充品就選擇維他命 B1

C

非常適合限制醣質攝取的基因

- 必須定期限制醣質攝取
- 稍微多攝取醣質就會立刻變胖
- 攝取太多醣質會快速老化
- 要減重就選擇有氧運動
- 要攝取營養補充品就選擇維他命 B1

有些人會因爲限制醣質攝取而危及生命

我們的熱量來源大約有五～六成都是醣質，所以照理來說，只要減少醣質的攝取，誰都能瘦下來，因爲身體會因此去分解囤積於體內的脂肪，以補充不足的熱量。儘管市面上有各式各樣的減重方式，但限制醣質攝取量的「減醣」，可說是最有效的方式。

不過，**對於擁有「不能限制醣質攝取基因」的人而言**，這是非常危險的減重方式，最好不要使用。如果長期以「限制醣質攝取量的方式減重」，甚至可能會有生命危險。

比起其他兩種類型的人，擁有「不能限制醣質攝取的基因」的人會消耗更多醣質，光只是與其他兩種類型的人攝取同量的醣質，就會產生攝取不足的問題；如果還進一步限制醣質的攝取量，醣質就會更加不足。這對身體來說可是問題重重！

其中一個問題是，**血糖值會低於標準值，出現低血糖的症狀**。

所謂的血糖值是血液之中的醣質（葡萄糖）濃度，若是高於標準值就是高血糖，低於標準值就是低血糖。一旦出現低血糖的症狀，就會覺得特別餓、特別疲倦，還有可能出現冒冷汗、心跳加快以及身體顫抖這類症狀。最糟的情況是變得意識模糊。

只要醣質攝取過於不足，每個人都會出現這類症狀，但是擁有

「不能限制醣質攝取的基因」的人一旦限制其醣質的攝取量，就會隨時曝露在這種風險之中，若是出現意識模糊的症狀，便有可能會影響大腦機能，進而出現失智的問題。

另一個問題是，**醣質的攝取量過低，肌肉就會減少**。前面提過，醣質的攝取量過低，會導致熱量不足，脂肪也會因此分解，但若到這時仍無法補足需要的熱量，身體就會開始分解肌肉的蛋白質。

在人體之中，肌肉是消耗最多熱量的器官，一旦肌肉變少，消耗熱量的速度就會變慢，如此一來，就會變成無法消耗多餘醣質的體質，也就是所謂的易胖體質。

我曾經爲一對夫妻提供諮詢服務。最初太太這邊先以減少醣質攝取量的方式來減重，後來先生也跟進，沒想到卻只有先生的身體出了問題。在檢查基因之後發現，太太是超適合減少醣質攝取量的基因，但先生卻是極度不適合減醣的基因，所以他的身體會出問題也是理所當然的事。

換句話說，**就算是夫妻，只要基因不同，在飲食上要注意的重點就完全不一樣。**

不能限制醣質攝取的人可以多吃兩碗飯

限制醣質攝取量的減重方式之所以會如此流行，理由之一就是大部分的人都認爲：攝取醣質會變胖。

但這其實是錯誤的觀念，會變胖只是因爲攝取了「過多」的醣質。如果不攝取三大營養素之一的醣質，就無法維持生命。換言之，會變胖是因爲「吃太多」白飯、麵包或是甜點。

沒有轉換成熱量的醣質會轉變成脂肪囤積在體內。這其實是人體內建的危機管理系統，可用來因應缺少食物時的危機。

之所以會將醣質轉換成脂肪，是因爲這樣效率比較好。1公克的醣質可產生4大卡的熱量，而1公克的脂肪可產生9大卡的熱量，所以轉換成脂肪，可儲存高於醣質兩倍的熱量。

假設過度攝取醣質是變胖的原因，那麼會不斷消耗醣質的人，也就是**不能限制醣質攝取量的人，就能比那些可以限制醣質攝取量的人攝取多一點的醣質**。大概多吃兩碗飯也沒問題，這也是愛吃白飯的日本人最想要的體質吧。

就日本人而言，不能限制醣質攝取量的人比例大約23%，而非常適合限制醣質攝取的人大概占25%，可以限制醣質攝取的人大概占52%。

醣質攝取過多老得快

醣質之所以被當成壞人，除了容易讓人變胖之外，還有一個原因，那就是所謂的「糖化現象」。

未轉換成熱量的醣質通常會變成脂肪囤積在體內，但有些醣質會與蛋白質結合，產生AGEs這種讓身體加速老化且無法還原的「糖化終產物」。

一旦發生糖化現象，身體的每個角落就會出現老化症狀。

比方說，皮膚會出現黑斑、皺紋以及變得暗沉，頭髮會失去光澤與彈性。一旦**血管與內臟出現糖化現象，情況還會變得更加惡**

劣。

當血管因爲糖化現象受傷，動脈就會不斷硬化，罹患心肌梗塞與中風的風險就會升高，也有可能會出現腎衰竭、白內障、網膜症這類問題，最近的研究也指出，糖化現象與失智症有一定的關係。

肥胖與過度攝取醣質都會引發糖化現象，所以控制醣質的攝取量絕對不是錯誤的養生之道。

不能限制醣質攝取量的人做重訓就能越變越瘦

不能限制醣質攝取量的人若是想變瘦，建議做重量訓練。

減重的基本心法就是控制飲食與運動，而相對有效的運動包含健行、慢跑或是有氧健身操這類有氧運動。原因是**有氧運動能幫助燃燒體內囤積的脂肪**。

有氧運動的熱量來源爲醣質與脂肪。在運動的初始階段，最先被消耗的是能立刻轉換爲熱量的醣質，隨著運動的時間拉長，血液之中的醣質就會減少，此時便會開始燃燒脂肪，以補充需要的熱量。

一般認爲，運動20分鐘之後，才會開始大量消耗脂肪。

而如果在做有氧運動之前先重訓，其實還能更快燃燒脂肪，這是因爲重訓這種無氧運動的熱量來源是醣質；換言之，利用重量訓練消耗醣質，就不需要先花二十分鐘暖身，才能燃燒脂肪。

就這點而言，**不能限制醣質攝取的人（更容易消耗大量醣質），比起其他兩種類型的人更爲有利**。因爲這種人可以一下子就耗盡醣質，因此也能更快進入燃燒脂肪的階段。

現代的蔬菜吃太多會胖，所以要特別注意

對於可以限制醣質攝取的人來說，若想更健康或是減重，限制醣質攝取量是很有效的方法；但不能限制醣質攝取的人若是跟著做，反而會弄壞身體。

不過，那些可以限制醣質攝取的人若想要減重，除了限制醣質攝取量，還有一點要特別注意，就是慎選食材。

許多人都以為，要想限制醣質的攝取量就要少攝取砂糖、蜂

蜜、白飯、麵包、烏龍麵、馬鈴薯、水果與甜點，但其實看似不需要提防的蔬菜，也是需要警戒的對象之一。

不知道大家有沒有發現，越來越多蔬菜吃起來甜甜的、很順口呢？不管胡蘿蔔還是洋蔥都比以前更容易入口了。**這是因爲經過品種改良之後，蔬菜的糖分增加了**。如果以爲蔬菜沒問題就放開來吃，那麼就算減少白飯的量，也會抵銷減醣質的效果。

另一方面，**碳水化合物的醣質也越來越高**。馬鈴薯、地瓜這些穀類也越變越甜。理論上，碳水化合物是由醣質與膳食纖維所組成，但最近醣質的比例卻越來越高。

醣質與膳食纖維一起攝取的方式，以及只攝取醣質的方式，對身體的影響可說是大不相同。

進入體內的醣質會分解爲糖（葡萄糖），再進入血液之中，此時胰臟會跟著分泌胰島素這種荷爾蒙，將糖轉換成熱量，使其得以被大腦、肝臟、肌肉以及身體各部分的組織吸收。問題在於送入血液之中的糖有多少，送入的速度又有多快。

如果**大量的糖在短時間之內進入血液，血糖值就會飆升**，而這種現象稱爲「血糖驟升」（Glucose Spike）。一旦發生這種現象，血糖質曲線就會呈現尖刺形波動，進而引起發炎，讓血管受損。

緊接著會大量分泌胰島素，所以連接下來準備使用的糖都會轉換成脂肪囤積起來。如果還有糖沒有被轉換成脂肪，則會誘發**糖化現象。其實糖化現象是在用餐一小時之後出現的現象，如果體內沒有多餘的糖，就不會發生這種現象。**

在碳水化合物之中，能讓醣質分解速度變慢的是膳食纖維，所以糖分變多的碳水化合物非常危險。**一般認爲，糙米之所以比白**

米健康，就是因爲其膳食纖維的含量比較高。

所有食材將醣質分解爲糖的速度都不同，而量化這種速度的指標稱爲「GI值」（升糖指數）。指標的數值越低，代表這種食材越不容易引起血糖驟升的現象。

若是爲了健康或是減重而限制糖質攝取量的話，除了減少醣類與碳水化合物，也要注意食材的GI值。

不能限制醣質攝取的人絕對不能吃維生素B群的營養補充品

有些人會爲了健康而攝取營養補充品，但是不能限制醣質攝取的人絕對不能攝取某種營養補充品。

能讓糖快速轉換成熱量的維生素B_1對於可以限制醣質攝取量的人來說，是非常棒的營養補充品，但是用於**不能限制醣質攝取量的人身上，反而會適得其反**。若是在餓肚子的時候攝取太多的維生素B群，皮膚較爲脆弱的部分就有可能會出現紅紅的溼疹（皮膚潮紅），最糟的情況還會出現低血糖的症狀。

第2章

代謝症候群基因

明明吃一樣的東西，
為什麼有些人會胖，
有些人卻不會胖呢？

每個人的基因不同，燃燒脂肪的能力也不一樣

明明都一起吃很油膩的東西，卻只有我變胖。

明明已經在開始慢跑了，體重卻紋風不動。

明明看起來很瘦，但是內臟脂肪卻很多。

明明吃一樣的東西，做一樣的運動減重，結果卻與朋友或是住在一起的人截然不同的話，應該會讓人很難接受。

如果你也遇到這樣的事情，請不要覺得是「自己不夠努力」，因爲這純粹只是燃燒脂肪的能力不一樣而已。

最能說明這點的就是你的「代謝症候群基因」。

所謂的「代謝症候群基因」，是控制身體將攝取到的脂肪，以及爲了因應不時之需而囤積的脂肪，會如何轉換成熱量的基因。

要燃燒脂肪、製造熱量，就必須先讓脂肪分解成可以燃燒的狀態，而有些人能快速讓脂肪分解，有些人卻不行。

越能讓脂肪快速分解的人，當然越能順利燃燒脂肪，也就越能讓脂肪順利轉換成熱量，囤積的脂肪也會更快速消耗。

每個人分解脂肪的速度都不盡相同，主要可分成下列這些類型。

A 不太會罹患代謝症候群的基因

B 會慢慢罹患代謝症候群的基因

C 很容易罹患代謝症候群的基因

若問燃燒體脂肪的能力有多少差距，以「不太會罹患代謝症候群的人」爲基準，「會慢慢罹患代謝症候群的人」一天會少消耗170大卡，「很容易罹患代謝症候群的人」一天則會少消耗210大卡，換句話說，這三種類型的人若是攝取相同的脂質，**B與C類型的人每天會多累積相當於200大卡的脂肪。**

若將200大卡換算成脂肪，大約是22公克的重量，一年下來，就會累積約8公斤的體脂肪。

A

不太會罹患代謝症候群的基因

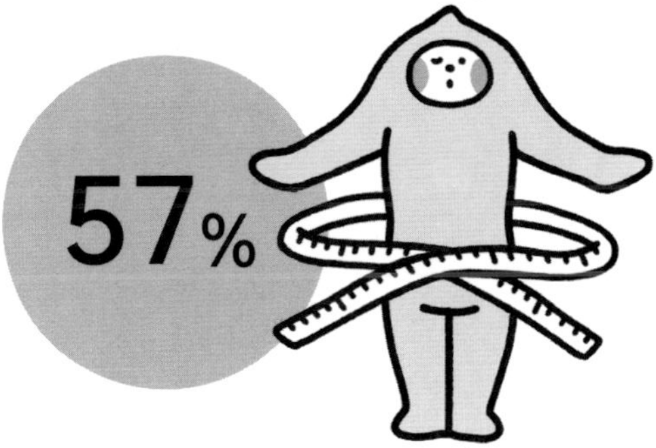

- 燃燒脂肪的能力很強
- 不太會罹患代謝症候群
- 做有氧運動能有效減重
- 不能攝取太多動物性脂肪

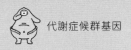

B

會慢慢罹患代謝症候群的基因

- 燃燒脂肪的能力很低
- 很容易罹患代謝症候群
- 只做有氧運動仍無法減重
- 要減重得先重訓再做有氧運動
- 不消耗當日攝取的脂質就會變胖

C

很容易罹患代謝症候群的基因

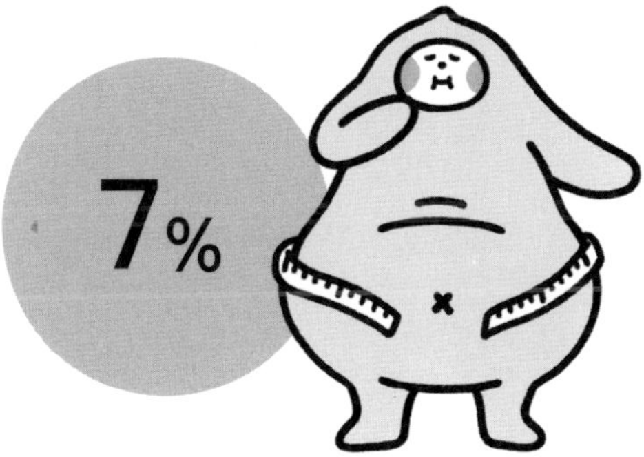

- 燃燒脂肪的能力非常低
- 一不小心就會罹患代謝症候群
- 只做有氧運動仍無法減重
- 要減重得先重訓再做有氧運動
- 不消耗當日攝取的脂質就會變胖

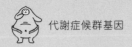

日本人比歐美人更容易囤積內臟脂肪

一聽到燃燒脂肪的能力較弱，很容易就會聯想到代謝症候群對吧？其實從前面的基因類型名稱也不難了解，若是飲食生活都一樣，「會慢慢罹患代謝症候群的人」以及「很容易罹患代謝症候群的人」，一定比「不太會罹患代謝症候群的人」更容易罹患代謝症候群。

在說明上述三種基因的特徵之前，讓我們先釐清代謝症候群是什麼。

代謝症候群除了會讓人腰圍變大，血壓與血糖值亦會變高，換句話說，就是身體會變得更容易罹患文明病。

日本男性的腰圍若是超過85公分，女性若是超過90公分，然後在血壓、血糖值、脂質之中，有兩個超出標準值，就會被診斷爲有代謝症候群的問題。

所謂的標準值分別是血壓的收縮壓大於等於１３０（mmHg）、舒張壓大於等於85（mmHg），血糖值則是空腹血糖值大於等於１１０（mg），脂質則是中性脂肪大於等於１５０（mg），高密度膽固醇大於等於40（mg）。

在日本，代謝症候群的診斷重點在於是否爲「內臟脂肪型肥胖」，也就是內臟附近是否囤積了許多脂肪的意思。一般認為，日本人即使只是稍微肥胖，也比歐美人更容易囤積內臟脂肪，如果是「很容易罹患代謝症候群類型」的人更是如此。

剛剛在介紹基因類別時提到的脂肪燃燒力，是只限於日本人的數值，換言之，日本人有超過半數以上屬於「會慢慢罹患代謝症候群」以及「很容易罹患代謝症候群」的基因類型。順帶一提，這三種類型的比例分別是：「不太會罹患代謝症候群的基因」為36％、「會慢慢罹患代謝症候群的基因」為57％、「很容易罹患代謝症候群的基因」為7％。

有代謝症候群問題的人，罹患糖尿病的風險是一般人的七～九倍，罹患心肌梗塞或中風的風險也是一般人的三倍，所以「會慢慢罹患代謝症候群」與「很容易罹患代謝症候群」的人一定要特別小心。

代謝症候群基因的天敵不是油，而是脂肪

不管是代謝症候群基因還是其他基因，過了四十歲之後，基因造成的影響就會變得特別明顯。換句話說，「會慢慢罹患代謝症候群」與「很容易罹患代謝症候群」的人過了四十歲之後若不運動，又繼續年輕時的飲食生活，就會一下子囤積很多內臟脂肪。

要想避免代謝症候群找上門，最重要的就是**不要過度攝取肉類的脂肪或是奶油這類高脂乳製品的「脂質」**。儘管日本人燃燒脂肪的能力較低，但似乎常常過度攝取脂質。

根據日本厚生勞動省的調查，在二〇一六年的時候，**成年日本男性約有三成過度攝取脂質，成年日本女性則約有四成。**

不過，與醣質一樣並列三大營養素的脂質若是攝取不足，一樣會危及健康，因為脂質也分成人體必須攝取的脂質與不能過度攝取的脂質。

我們常常把「油」與「脂」放在一起討論，但其實我們**身體需要的是部首為三點水的「油」，而不是部首為肉的「脂」**。最具代表性的「脂」就是肉類或奶油類，最具代表性的「油」則是從植物或魚類攝取的油，而油和脂都屬於脂質。

脂質之所以被譽為三大營養素，除了脂質是熱量來源外，更是製造荷爾蒙與全身細胞膜的原料，而其中有相當高的比例都是油。

但如果因爲限制脂質的攝取量而不攝入油，頭髮就會變得毛躁，肌膚也會變得太乾燥，荷爾蒙還會因此無法正常分泌，女性甚至可能因此月經不順；再者，油也能減少血液裡的中性脂肪與膽固醇。

另一方面，**脂肪是緊急時刻的熱量來源**。大部分的脂肪都是皮下脂肪或內臟脂肪這類早已囤積於體內的脂肪，所以說得極端一點，就算不特別攝取也無所謂。

而且過度攝取脂肪的話，更會讓血液之中的中性脂肪或膽固醇增加。

內臟脂肪型肥胖的女性越來越多

不管我們體內擁有何種基因，都要遠離反式脂肪酸。

反式脂肪酸是脂肪之一，常見於乳瑪琳、酥油、人造奶油、食用植物油、加工油脂這類產品之中。

反式脂肪酸在不同的商品之中有不同的含量，此外酥油（以動物油或植物油爲原料而製作成的奶油狀食用油脂）也常被當成奶油或豬油的替代品使用，許多甜點都會使用酥油增加酥鬆的口感。

儘管反式脂肪是不需從食物攝取的脂肪，卻是許多食品的材料，要避開反式脂肪可說是難上加難。

再者，**攝取反式脂肪一定會增加內臟脂肪**。因爲反式脂肪比動物的脂肪或是奶油更難以燃燒。

更糟的是，**反式脂肪會讓壞膽固醇增加，好膽固醇減少**，也有報告指出，**長期大量攝取會導致罹患動脈硬化以及缺血性心臟病的風險升高**。

順帶一提，植物油或是魚油會於體內的每個角落被消耗掉，所以本來就不會於體內囤積。

早期的日本男性多屬內臟脂肪型肥胖，女性則多屬皮下脂肪型肥胖，但近年來，連**年輕女性也常有內臟脂肪型肥胖的問題**。

在我還是私人健身教練時，只要觀察一下女性的體型，就能猜出她的體脂肪率，不過自從某個時期開始，就怎麼也猜不中。明明看起來就是體脂肪22%左右的體型，但一測卻得到28%左右的結果。照理說，體脂肪率差6%的話，體型應該會有明顯的差異才對，後來我才知道，但現在卻很難看出來，原因就出在內臟脂肪。

這或許是因爲**從小就攝取反式脂肪，所以乍看之下很瘦，但其實囤積了不少內臟脂肪之故。**

有些人不管做再多有氧運動也瘦不下來

日本人燃燒脂肪的能力的確不如歐美人，要想減少體脂肪以及預防代謝症候群，限制動物性脂肪的攝取量會比限制醣質攝取量來得有效。

雖然代謝症候群基因總共有三種，卻**沒有一種屬於「不能限制脂質攝取量的基因」**。不過，就算我們能採取各種措施預防代謝症候群，一旦想要減重，「會慢慢罹患代謝症候群」與「很容易罹患代謝症候群」的人都很難輕鬆瘦下來。

這是因爲有氧運動的效果有限。

所謂「燃燒脂肪的能力較差」，是指即使做有氧運動也無法像「不太會罹患代謝症候群」的人那樣快速燃燒脂肪。

雖然「會慢慢罹患代謝症候群」與「很容易罹患代謝症候群」的人只要持之以恆地做有氧運動，還是能夠瘦下來，但重點就在於得「持之以恆」，否則很難燃燒脂肪。

這兩種人要想瘦下來的話，絕對要依照①重訓②有氧運動的順序來進行訓練。先透過重訓大量消耗醣質，接著再進行有氧運動，才能迅速地燃燒脂肪。

此外，透過重訓增加肌肉還可提升基礎代謝率，所以減重的效果最終會日積月累，慢慢浮現。

絕對要遵守的是訓練的順序。如果先做有氧運動再做重訓，效果可能不如預期，因爲做完有氧運動之後，醣質已經被消耗掉一定的程度，此時身體處於缺乏熱量的狀態，重訓就沒辦法做太久。如果搞錯順序，不僅無法迅速燃燒脂肪，也無法提升肌力，當然更沒辦法打造易瘦體質。

沒有運動習慣的人可能會覺得重訓有一定的門檻，但其實**光是先深蹲10次再開始慢跑，就能有效減重。**

不消耗當天攝取的脂質就會變胖

「會慢慢罹患代謝症候群」與「很容易罹患代謝症候群」的人，若不消耗當天攝取的脂質就會變胖。

如果不想代謝症候群找上門，一定要先記住自己是易吸收脂質的體質，然後思考該不該把眼前的食物吃進肚子。

就算是脂肪含量不高的食物，只要糖分較高，也要視爲自己正在攝取脂質。假設醣質與脂質的含量相同，那這個食物當然就屬於高脂質的食品，因爲脂質的熱量比醣質高出兩倍以上。

蛋糕、豬排三明治都是脂質高於醣質的食物，連鎖咖啡廳販售的冰沙飲料當然也是脂質較高的食物，要我說的話，名字有「XX冰樂」或「XX奶泡」這類甜甜的飲料，其實就像是往豚骨拉麵的湯裡添加砂糖一樣的食物。

假如能以上述的角度看待食物，應該就能減少大家對脂質的攝取量，只不過很有可能也就此不想吃那些本來很愛吃的食物了吧……

有些營養補充品能減少攝取的脂肪

避免得到代謝症候群的究極對策，就是服用含有「Garcia」或「武靴藤」這類能抑制脂質吸收成分的營養補充品。

不過，**就算攝取了營養補充品，也無法讓體內的脂肪消失**，因為這種抑制脂質吸收的營養補充品，充其量只能減少脂肪的攝取量。

除了減少脂肪的攝取量，還要持續依照重訓↓有氧運動的順序來運動，才是讓燃燒脂肪能力較差的人遠離代謝症候群的最佳捷徑。

第 3 章

肥胖基因

皮下脂肪過多，
都是基因害的！

年紀變大也不會變胖，與基因有關係

不管是誰，到了三十幾歲或四十幾歲後，若仍維持年輕時期的飲食習慣，一定都會慢慢地變胖。

這是因爲基礎代謝率會隨著年紀增加而下滑。

基礎代謝率是維持生命所需的最低熱量，一旦基礎代謝率下滑，多餘的熱量就會轉換成脂肪囤積於體內。

不過，就算每個人都會遇到基礎代謝率下滑的問題，但每個人的體型卻不盡相同對吧？**有些人從年輕開始就一直維持相同的體型，有些人卻變得肚子很大。**明明大家都遇上了基礎代謝率的問題，爲什麼體型會有如此大的差異呢？

其實答案很簡單，那就是每個人的「肥胖基因」不同。

肥胖基因是主導人體製造熱能，維持體溫的基因。

調節體溫是維持生命的重要功能之一，換句話說，製造熱能的能力越差，代表基礎代謝率越低。

不同類型的肥胖基因，也具有不同的熱能製造能力。

A 瘦瘦基因：會快速產生熱能。

B 肉肉基因：會慢慢產生熱能。

C 胖胖基因：很難產生熱能。

若問這三種類型的基因在基礎代謝率上有多麼不同，假設以瘦瘦基因的人爲標準，**肉肉基因的人大概一天會少消耗40大卡，胖胖基因的人大概一天會少消耗100大卡。**

基礎代謝少100大卡，就等於會累積相當於100大卡的脂肪。若是將100大卡的熱量換算成脂肪，就差不多是11公克的脂肪，一年下來，大概會多出4公斤的體重，所以就算生活習慣相同，胖胖基因的人在一年之內，就是會比瘦瘦基因的人多累積這麼多的皮下脂肪。

A

瘦瘦基因

- 製造熱能的能力很高
- 不容易囤積皮下脂肪
- 到了四十幾歲、五十幾歲也還是瘦瘦的體型
- 不太容易手腳冰冷

B

肉肉基因

- 製造熱能的能力略低
- 容易囤積皮下脂肪
- 到了四十幾歲、五十幾歲會變成微胖體型
- 一旦胖起來就不容易變瘦
- 女性特別容易手腳冰冷

C

胖胖基因

- 製造熱能的能力很低
- 非常容易變成皮下脂肪型肥胖
- 到了四十幾歲、五十幾歲會變成胖胖體型
- 一旦胖起來就不容易變瘦
- 特別容易手腳冰冷

基礎代謝率夠高，就不容易變胖

會變胖還是不會變胖？我們能利用簡單的公式來判斷。

（攝入的熱量）－（消耗的熱量）。

如果算出的結果是正數就會變胖，若是負數就會消耗囤積的脂肪，所以會變瘦。

市面上有各種減重的方法，但其實原理不是減少攝入的熱量，就是增加消耗的熱量。限制醣質或脂質的攝取量屬於前者，透過運動減重屬於後者。

之所以會變胖或變瘦，在於不同類型的醣質限制基因與代謝症候群基因所消耗的熱量不同。肥胖基因當然也是其中之一。

熱量的用途主要分成三種。

第一種是驅動身體的熱量，第二種是消化食物的熱量，第三種是維持體溫，讓心臟繼續跳動或讓我們持續呼吸，維持生命徵象所需的熱量。

第三種熱能稱爲「**基礎代謝**」，屬於活著就會消耗的熱量，**我們每天消耗的熱量有六～七成屬於這種基礎代謝的熱量**。換言之，基礎代謝率越高，就越不容易變胖。

遺憾的是，**基礎代謝率會在接近二十歲的時候達到巔峰，然後**

隨著年齡增長而慢慢下滑。接著要請大家與年輕時的自己比較一下，再勾選下列符合的項目。

- □ 體溫較低、血壓較低
- □ 吃得少，但容易胖
- □ 氣色不好，皮膚容易粗糙
- □ 很容易疲勞，睡再久也無法消除疲勞
- □ 容易水腫
- □ 手腳冰冷
- □ 頭痛、肩膀僵硬、腰痛

□ 不太會流汗

□ 很少活動

□ 月經不順、生理痛很嚴重

符合的項目越多，代表基礎代謝率越低。

基礎代謝率會出現落差，問題就出在肥胖基因。要維持生命，我們的體溫必須維持在36度前後，才能產生熱能；而且不同類型的肥胖基因，產生熱能的能力也不同。**擁有能快速產生熱能的基因，就能快速消耗熱量，所以比其他兩種類型的基因更不容易變胖。**

容易手腳冰冷的人容易變胖

了解肥胖基因的種類，就能知道手腳是否容易變得冰冷。擁有能快速產生熱能的基因，比較不會手腳冰冷；因此相對的，有胖胖基因的人就很容易手腳冰冷。

擁有胖胖基因的男性以及擁有肉肉基因或胖胖基因的女性，通常會覺得自己的手腳很容易變得冰冷。男性與女性之所以會出現這種差異，在於肌肉量的不同。肌肉能產生熱能，所以肌肉量相對較多的男性比較不會覺得手腳冰冷。

這裡會讓人覺得有疑問對吧？到底肥胖基因是對哪裡下達指令的呢？**答案是對棕色脂肪細胞下達指令。**

這種棕色脂肪細胞藏在脖子與身體內側的肌肉（深層肌肉），以及肩胛骨與脊椎之間。其實在我們還是小寶寶的時候，全身都覆蓋著這種棕色脂肪細胞。這是因爲小寶寶沒有能讓身體顫抖或移動所需的肌肉，無法自己產生熱能。抱著小寶寶的時候，都會覺得小寶寶熱熱的對吧？這就是棕色脂肪細胞的效果。

身體變冷，皮下脂肪就會變厚

胖胖基因的人之所以比瘦瘦基因的人更容易變胖，不只是因爲基礎代謝率出現落差，更因爲不能產生熱能，身體就會變冷，也會跟著變胖。

體溫下降，血管就會收縮，血液循環就會變差，血液就無法完成將營養素與氧氣送到身體每個角落的這項重要任務，但是身體也不會就此坐視不管，所以只好想辦法避免體溫下降。

於是，**身體選擇囤積皮下脂肪，避免身體變冷**。在寒帶國家活動的北極熊或是企鵝，牠們的身體是不是都圓滾滾的呢？那就是因爲牠們身上累積了厚厚的脂肪，藉此抵禦寒冷的氣候。

胖胖基因的人之所以變胖就很難瘦下來，就是因爲無法改善身體容易變冷這個毛病。

常言道，身體變冷是萬病之源，一旦身體變冷，就容易生病。

除了血液循環會變差，也容易疲勞、腰痛、肝臟功能變差、過敏、胃腸不舒服，總之，**身體變冷百害而無一利**。胖胖基因的人也要知道自己有可能會遇到這些問題喔。

若想燃燒脂肪就洗冷水澡

如果是胖胖基因的人，製造熱能的速度相對較慢，若想快速製造熱能，可直接刺激位於肩胛骨與脊椎之間的棕色脂肪細胞，藉此提升製造熱能量的速度。正因爲基礎代謝率較低，才要更努力消耗熱量，也要想辦法避免身體變冷。

刺激的方法有兩種。

一種是讓**肩胛骨大幅運動**。比方說，讓肩胛骨互相接近，或是大幅度地轉動手臂。一邊確認肩胛骨的動作，一邊完成上述的活動，就能刺激棕色脂肪細胞。

另一種方法**是在洗澡的時候，用冷水沖肩胛骨與脊椎之間的棕色脂肪細胞**。也可以把冰塊包起來，再放在棕色脂肪細胞的位置。

如此一來，雖然只有棕色脂肪細胞變冷，但是大腦卻會覺得全身都變冷，進而下達製造熱能的指令。

這兩種方法都很簡單，所以除了胖胖基因的人以外，基因屬於其他類型的人也都可以嘗試看看，光是這樣就能拉高消耗熱量的速度。

避免身體變冷，就能遠離皮下脂肪

無法製造熱能的人，最好盡可能避免身體變冷。

比方說，**要特別注意飲食，有些食材會讓身體熱起來，有些卻會讓身體變冷**。最能讓身體發熱的食材莫過於薑對吧？薑的「薑酚」是一種辛辣成分，能促進血液循環，讓熱能送到身體的每個角落。

反之，番茄或是小黃瓜這類夏季蔬菜或水果，則是容易讓身體降溫的食材。雖然現在一年四季都能吃到各種食材，但是在冬天吃夏季蔬菜，還是會讓身體降溫，所以更要特別注意，尤其擁有胖胖基因的人，更是要多吃讓身體發熱的食材。

要避免身體降溫，**可以泡澡代替淋浴**。淋浴只能讓身體表面熱起來，身體內部反而會因此變冷，可以的話，請盡量泡澡。

此外，夏天的睡衣也要特別挑選。**材質很薄沒關係，但盡可能選擇能完整蓋住皮膚的睡衣再睡**。睡覺時，當然也能開冷氣，但是睡衣最好選擇能在皮膚與布料之間創造一層空氣的材質，在體溫得以維持的狀態下睡覺。

只要避免體溫下降，胖胖基因的人也能打造不容易囤積皮下脂肪的體質。

誰都能一天多消耗10大卡

燃燒脂肪與製造熱能能力較差的人若是一直維持年輕時的飲食習慣，一定會慢慢變胖，但是，只要不是因爲生病，通常不會在短時間之內突然變胖。絕對不是**一回過神來，才突然發現自己變胖**，對吧？

根據調查，三十歲以上的日本人平均一年增加500公克的體重，由於這個調查包含了變胖的人與沒變胖的人，所以變胖的人應該比沒變胖的人數稍微多一點。

假設一年增加500公克，那麼以365天來除，一天大概是增加1．4公克，假設增加的這些重量都是脂肪，那麼換算之下，一天大概多累積了12大卡，因爲1公克的脂肪能產生9大卡的熱量。

光是每天多累積12大卡，10年就會胖5公斤，20年就會胖10公斤。

而若想要透過飲食減少這12大卡的攝取，是非常簡單的，只要少吃兩口飯就可以了。如果忌不了口，可在爬樓梯的時候，一次跨兩階，然後連跨十次就好。

之所以會一回過神來，才發現自己變胖，雖然與基因有關，但更大的原因是沒有每天做這些小小的努力，也就是沒有注意這些小事。

如果想維持現在的體型，不一定非得到健身房努力消耗熱量，**只需要減少每天的進食量，或是爬樓梯的時候一次跨兩階，然後連爬十次。**僅是做到上述兩點，就有機會瘦下來。**重點在於持之以恆。**

若只想靠運動瘦下來，過程會相當漫長，而且想要持之以恆也很辛苦，所以我建議大家，在能力所及的範圍之內，從一些小事開始就可以。如果是容易變胖的體質，更是需要從小事開始，讓自己能夠持之以恆，這樣才能看到想要的成果。

若是不想爬樓梯，也可以在刷牙的時候深蹲，或是在搭電車的最後一站，故意不抓握環，光是持續這些小動作，就能避免自己變胖。

第 4 章

老化基因

該怎麼做，
才能避免黑斑或皺紋增加？

基因會讓黑斑與皺紋增加

爲什麼我會長這麼多皺紋？

我覺得我的肌膚不像別人那麼有彈性。

最近胃很不舒服，覺得自己快要感冒了。

最近總是覺得很疲勞，鬥志很低落……。

「難不成是因爲老了嗎？」如果你是這麼想，請看看身邊的人，一定會發現有些人**明明年齡跟你差不多，看起來卻很年輕，很有活力**對吧？到底你跟他有什麼不一樣呢？

答案很簡單，因爲你們的「老化基因」不一樣。

所謂的「老化基因」，就是掌控會影響身體老化的活性氧製造速度的基因。

活性氧能幫助我們打敗侵入體內的病毒或是病原菌，是我們的好夥伴，但當活性氧的數量太多，就會變成攻擊健康細胞的凶手。

能阻止它們攻擊的是**抗氧化能力**。

雖然每個人都具備抗氧化能力，但很可惜的是，**這項能力會在20幾歲之後，隨著年齡慢慢開始下滑**，而且每個人的抗氧化能力也有高有低。

所以明明過著相同的生活，或有些人明明年齡跟你相仿，你卻看起來比他衰老的原因所在。

不同類型的老化基因，會下達的指令也不同。

A 不易老化基因：「不要增加活性氧。」

B 容易老化基因：不會下達任何指令

這兩種基因的比例大約4：6，換言之，**每5人就有3人是容易變老的人**。如果不設法在日常生活之中提升抗氧化能力，隨著年齡增長，外表就會比不容易老化的人變得更老。

除了外表之外，體內的老化速度也會加快。

A

不易老化基因

- 抗氧化能力很強
- 外表比實際年齡年輕
- 不管使用哪種化妝品，皮膚也不會變得粗糙
- 白頭髮比同年齡層的人來得少

B

容易老化基因

- 抗氧化能力很低
- 外表比實際年齡老
- 容易長黑斑或皺紋
- 一換化妝品，皮膚就會變得粗糙
- 白頭髮比同年齡層的人來得多

老化的現象源自身體生鏽

鐵若是在露天放著就會生鏽，變得傷痕累累，因爲空氣中的氧氣會與鐵產生「氧化」這種化學反應；同樣的，我們體內也會產生相同的現象。

不過，**在我們體內誘發氧化現象的是氧氣製造的活性氧**。更進一步來說，活性氧若是低於一定的數量，我們的身體就不會生鏽。

活性氧是能強力殺菌的氧氣，我們攝取氧氣之後，約有2%會轉換成活性氧，目的是爲了打敗體內的病毒與病原菌。**我們之所以能夠保持健康，都拜活性氧所賜**。

不過，**本該是朋友的活性氧在超過一定的數量之後，反而會變成敵人**，會以強烈的殺菌力對付我們健康的細胞。

這就是在體內發生的氧化現象，也就是所謂的「生鏽」。

當健康的細胞受傷，身體各處就會出現問題，比方說，皮膚細胞生鏽就會出現黑斑、皺紋或是鬆弛這些問題，讓外表變老。如果是肌肉或骨頭受傷，就會加速衰退。

腸胃的細胞若是受傷，就會出現胃炎、胃潰瘍等這類胃的問題；如果腸胃的鏽化程度加劇，免疫力就會下滑；血管若是受傷，最糟的情況是罹患中風、心肌梗塞或是使癌症的風險上升。

活性氧造成的氧化現象會讓我們的身體衰退。要想阻止氧化現象發生，就只能減少活性氧產生。

不同類型的老化基因，擁有抑制活性氧產生的能力也不一樣。年輕時，抑制活性氧產生的系統很強壯，但是當我們越來越老，抑制活性氧產生的能力就會出現明顯的落差，容易老化的人若什麼都不做，身體很快就會生鏽。

運動過度反而老得快

讓活性氧過度增加的原因非常多。

除了年齡增長之外，還有來自工作、家庭與鄰居的壓力、過度攝取動物性脂肪、攝取食品添加劑、生活不規律、酗酒、抽菸、空氣汙染的因素，現代社會有許多讓身體生鏽的風險因子。

就連爲了促進健康而開始的運動，一旦過頭也會導致活性氧增加。理由是運動過於激烈會導致呼吸量增加。

當我們保持平靜時，每次呼吸所攝取的氧氣量約爲200

cc，其中有2%會轉換爲活性氧。但是當我們激烈地運動，呼吸次數與量就會增加，而且也因爲會用到比較多的肌肉，所以身體會產生熱能，體溫也會因此上升，氧氣轉換成活性氧的轉換率更會上升至5～8%。

一般認爲，**跑一次全馬會產生普通生活一年份的活性氧**。如果不試著抑制活性氧增生，或是本身就是容易老化的人，身體一下子就會生鏽。

就算不是頂尖的運動選手，只是在學生時代大量運動的人，也會產生大量的活性氧，所以要努力抑制活性氧增生。就算外表看起來不老，身體還是有可能繼續老化。

另一方面，**紫外線也是讓活性氧增加的原因。**

不管是什麼天氣，紫外線一年到頭都會從天而降，其中紫外線最強烈的時候，大概是每年的5～7月。如果持續曝露在紫外線之下，皮膚會產生大量的活性氧，導致肌膚加速老化，且罹患皮膚癌的風險也會上升。

此外，也有報告指出，**長期曝露在紫外線之下，體內的抗氧化系統會衰退**。意思是身體抑制活性氧增生的能力會變差。

如果不想想辦法，生活在現代的我們將面對身體生鏽的問題，對於擁有容易老化基因的人來說，這個世界相當危險。

活性氧增生的主要原因

①	心理壓力
②	偏頗的飲食生活
③	食品添加劑
④	過氧化脂質含量高的食物
⑤	抽菸
⑥	酗酒
⑦	年紀增加
⑧	紫外線
⑨	過度運動
⑩	過度缺乏運動
⑪	過勞
⑫	肥胖
⑬	空氣汙染
⑭	廢氣
⑮	輻射線

容易老化的人
可以透過飲食延緩老化

容易老化的人，請從現在開始實行抗氧化措施吧。如果什麼都不做，身體一下子就會出現老化現象。

在40歲的時候看起來像50歲還是30歲，可是兩碼子事。早一步努力，外表就能與生理年齡相當。

第一步先從調整飲食開始，也就是多攝取具有抗氧化成分的食材。

具有抗氧化效果的營養素包含檸檬、奇異果、草莓富含的**維生素C**，以及杏仁、黃豆、黃瓜這類食材所含的**維生素E**，還有胡蘿蔔、高麗菜這類食材含有的**維生素A**。

而比抗氧化維生素更有效果的是植化素。

植化素常見於帶有苦味、辣味、顏色、臭味，及黏性的食材，顏色越是繽紛，味道越是濃郁的蔬菜或水果，通常都含有大量的植化素。

最被關注的植化素就是**多酚**、**類胡蘿蔔素**、**有機含硫化合物**。

多酚的種類很多，例如紅酒與藍莓的花青素，巧克力原料的可可豆的可可多酚，綠茶或抹茶的兒茶素，黃豆、納豆、豆腐這類大豆食材的異黃酮都是其中一種。

類胡蘿蔔素包含胡蘿蔔、南瓜這類黃綠色蔬菜的β胡蘿蔔素，以及番茄、西瓜這類食材的茄紅素，菠菜、花椰菜的葉黃素，鮭魚、蝦子、螃蟹的蝦青素……等，都是類胡蘿蔔素。

有機含硫化合物則包括白蘿蔔、山葵所含的辛辣成分的異硫氰酸酯，以及洋蔥、高麗菜的半胱氨酸亞碸。

近年來，植化素的重要性越來越高，甚至被譽為第七大營養素。順帶一提，碳水化合物、脂質與蛋白質稱為三大營養素，加上無機質（礦物質）與維生素就是五大營養素，若再加上膳食纖維與植化素就是七大營養素。

植化素被發現的時候，甚至被譽為「拯救人類的營養素」。原因是植化素能修復細胞。

蔬菜、水果、魚以及各種食材都含有抗氧化的成分，另外還要注意的是，請盡可能選擇未使用化學肥料或農藥的有機食材。

一些良好的生活習慣能維持年輕的身體

容易老化的人一旦鬆懈，身體就會到處生鏽。若不想變老，除了慎選食材，也要多做一些努力。

比方說，注意攝取植化素的方法。

以水果爲例，剛剛介紹的植化素通常蘊藏在果皮、種子與果核，而不是在果肉中。或許果核不太方便食用，但只要將水果打成果汁，就能最有效率地攝取植化素。

如果是蔬菜，可將平常不吃的皮放入網袋中熬煮成湯。加熱也不會被破壞，是植化素的特徵之一。

同時也可以透過營養補充品來攝取植化素。抗氧化維生素當然也能透過營養補充品攝取。不過，營養補充品終究只是補充不足的營養，過度攝取反而可能危及健康，這點必須多加注意。

此外，日本的營養補充品被分類爲食品，與藥品不同，效果均未經檢測，所以請先試試是否適合自己再開始攝取。

接著再爲大家介紹一些不錯的方法。

- **不吃焦掉的食物，不吃氧化物**
- **已氧化的咖啡豆煮的咖啡儘量少喝**
- **除了皮膚要預防紫外線外，還要戴太陽眼鏡，避免眼睛照射到紫**

外線

・有氧運動不要做到喘不過氣
・不要抽菸
・適度飲酒
・擁有良好的睡眠品質
・盡可能遠離壓力

在日常生活實踐這些抗氧化策略，就能隨時保持年輕。

老化基因由粒腺體決定

老化基因與先前介紹的基因不同，只分成兩種，因爲**決定老化基因特性的是粒腺體**。

粒腺體是人類細胞之中的小器官，而且粒腺體擁有獨立的基因（粒腺體DNA），與人體的基因不同。

這種粒腺體DNA只會從母親那繼承，所以只分成能夠下達「不要產生活性氧」的指令以及不會下達指令這兩種。

由於粒腺體100%是從母親那遺傳，所以只要追溯粒腺體就能知道祖先是誰，也有人根據這點指出，全人類都是由16萬年前的某位非洲女性生出來的，但這種說法至今尚未得到驗證。

粒腺體的功能在於將細胞的氧化與營養轉換成能量。簡單來說，就是作爲細胞之內的能量製造工廠。

是否要製造多餘的活性氧，以及適量製造就好，都是由這裡發號施令。

第 5 章

肌肉基因

目前已知的
最有效的身材雕塑術

基因會影響長肌肉的方式

增加肌肉能促進健康也能減重。

更重要的是，有肌肉的話，看起來會很有型。

不過，就算開始重量訓練（重訓），有時就是很難增加肌肉。

到底是重訓的方法錯了，還是重訓的強度不夠呢？

我知道有些人有這類的煩惱。**其實有些人天生特別容易長肌肉，有些人就是很難長肌肉。**說得更正確一點，有些人的肌肉很容易變粗，有些人的肌肉很難變粗。

影響這點的就是你的「肌肉基因」。

肌肉基因會刺激讓肌肉快速變粗的「快縮肌纖維」。

只要快縮肌常常收縮，肌肉就會越變越大。換言之，做越多重訓，就越有機會得到渾身肌肉的身材。

反之，若是擁有不太會增加肌肉的基因，就得花更多時間才能讓肌肉變粗。

肌肉生長的方式與肌肉基因的類型有關。

A 粗壯基因：肌肉容易變粗

B 自在基因：會變得精壯或是粗壯

C 精壯基因：肌肉很難變粗

肌肉會隨著年齡增長而變細，尤其是大腿、屁股這類大肌肉會在過了40歲之後慢慢變細，如果什麼都不做，大腿前側的股四頭肌會在80歲的時候，只剩下30歲時的一半。

肌肉若是衰退，就沒辦法自由地活動；要是不小心跌倒或是骨折，人生就會變成灰色，對吧？爲了避免自己淪爲這種下場，就要針對自己的肌肉基因進行適當的訓練。不過切記！變得很粗壯不代表一切哦。

A

粗壯基因

- 很容易長肌肉
- 擅長需要爆發力的運動
- 不暖身，肌肉也不會受傷
- 隨時都可以動起來
- 專注力很高，但續航力很低

B

自在基因

- 可以變得粗壯，也可以變得精壯
- 可透過訓練決定是擅長爆發力的運動還是耐久力的運動
- 放空時，不太能動起來
- 不專心的話，什麼事情都會半途而廢

C

精壯基因

- 很難長肌肉
- 擅長需要耐久力的運動
- 不暖身，肌肉就會受傷
- 沒辦法立刻動起來
- 專注力很低，但續航力很高

精壯基因的人很難讓肌肉變粗

粗壯基因的人之所以很容易練出肌肉，是因爲他們擁有讓容易變粗的肌肉動起來的基因。

肌肉分成容易變粗與不容易變粗兩種。

我們身體的肌肉大大小小超過六百條，比方說，讓心臟跳動的心肌，讓血管與消化器官動起來的肌肉稱爲平滑肌，讓身體動起來的肌肉稱爲骨骼肌。

在這三種肌肉之中，只有骨骼肌能聽我們的命令動起來，重訓鍛鍊的肌肉也是骨骼肌。骨骼肌占所有肌肉的比例約四成。

這種骨骼肌還分成爆發力十足的快縮肌與續航力十足的慢縮肌。有時也會根據它們的顏色，將快縮肌稱爲白肌，以及將慢縮肌稱爲紅肌。

容易變粗的是快縮肌，不容易變粗的是慢縮肌。

要知道兩者的差異可以觀察田徑選手。一百公尺、二百公尺短跑的選手通常是精壯的身材，但是馬拉松選手卻多半很纖瘦。

這是因爲短跑通常是以提升爆發力的訓練爲主，長跑則是以增加續航力的訓練爲主，另外肌肉基因當然也有影響。

若是成爲奧運頂尖選手，肌肉基因的影響更是明顯。屬於粗壯基因的人不管怎麼鍛鍊續航力，也無法在馬拉松比賽中獲勝，屬於精壯基因的人不管怎麼鍛鍊爆發力，也無法在一百公尺短跑的比賽中獲勝。

田徑比賽的得牌選手都是先了解自己的基因，再讓身體的天賦能力盡可能地成長。

精壯基因的人不管再怎麼重訓，也無法練成職業摔角選手那種身材。請大家先知道這點。如果是肌肉很難變粗的基因，卻刻意增加訓練的難度，只會把身體搞壞而已。

過了90歲也能增加肌肉

不過，我的意思並非精壯基因的人做重訓不會有任何效果。而是不管是誰，只要鍛鍊肌肉，肌肉就能變得強壯且粗壯。差別只在於花多少時間而已。最新的研究指出，**即使過了90歲，只要好好鍛鍊肌肉，肌肉一樣會變得強壯。**

接著簡單介紹一下肌肉變粗的原理。

肌肉是將一條條纖細的肌肉纖維捆成一束所組成。透過重訓或是運動讓肌肉承受負擔，肌肉纖維就會受傷，此時肌肉就會開始修復，也會變得強壯，避免之後因爲相同的負荷而受傷。這就是肌肉變粗的原理。不會犯第二次錯誤的肌肉還真是聰明對吧？

這項步驟的重點在於準備修復肌肉所需的原料。肌肉的原料是水與蛋白質，如果原料不足，肌肉就無法變大。

許多人上了年紀之後，就對豬肉、牛肉這些肉類敬而遠之，但是若要想維持肌肉量就必須多攝取肉類，當然，脂肪還是要注意不能過度攝取。像是雞柳、豬里肌、瘦牛肉這些脂肪含量較少的肉類，才能幫助我們快速攝取蛋白質。

日本人最適合攝取的蛋白質是植物性蛋白質

其他攝取蛋白質的方法也有很多，比方說，可透過高蛋白粉這種營養補充品來攝取。

高蛋白粉分成「乳清」或是「酪蛋白」這類動物性蛋白質，這類動物性蛋白質常見於牛奶之中，另一種則是「大豆蛋白」這類植物性蛋白質，這類植物性蛋白質常見於黃豆之中。有些廠商也推出了兩者混合的高蛋白粉，不過比例各有不同。

而我們必須根據基因類型，選擇適當的高蛋白粉。

首先，沒有「不能喝大豆蛋白這種植物性高蛋白粉」的基因。

要特別注意的是動物性高蛋白粉。

透過動物性高蛋白粉攝取蛋白質的時候，也會攝取脂肪，所以**「很容易罹患代謝症候群」的人就不適合攝取這類動物性高蛋白粉；反之，「不能限制醣質攝取」的人就很適合攝取這類動物性高蛋白粉。**只要醣質稍微攝取不足，肌肉的蛋白質就會立刻分解，所以醣質容易攝取不足的人可以攝取這種高蛋白粉，避免肌肉量減少。

就以過往的諮詢經驗來說，**只要不是屬於「不太會罹患代謝症候群」的基因，或是「不能限制醣質攝取」的基因，攝取動物性**

高蛋白粉通常反而都會變胖。

如果能像運動選手那樣，一天訓練6小時，每週訓練6天的話，那麼即使攝取動物性蛋白質也能將熱量徹底消耗，但一般人應該沒辦法騰出這麼多時間運動，尤其是上班族更是不可能。

話說回來，日本人燃燒脂肪的能力本來就比歐美人差，所以不管基因爲何，都建議攝取植物性高蛋白粉。

如果就是想攝取能快速增強肌肉的動物性高蛋白粉，就請持之以恆地運動，否則會囤積內臟脂肪，肚子也會變大。

精壯基因的人的肌肉容易斷裂

由於擁有粗壯基因的人能快速驅動爆發力十足的快縮肌，所以很擅長衝刺或是跳躍這類需要瞬間出力的動作，但是這樣也會一下子耗盡儲存在肌肉之中的能量，所以他們很快就會覺得疲累。

反之，精壯基因的人與粗壯基因的人不同，不太擅長這類需要瞬間出力的動作，不過，因爲儲存在肌肉之中的能量也不會一下子就消耗殆盡，所以續航力相對比較長。

擁有粗壯基因的人的特徵在於快縮肌的肌肉纖維很緊密紮實，所以能應付突如其來的指令，就算突然承受很強的負荷，肌肉也不會斷裂，**他們屬於不需要熱身就能立刻運動的類型**。

反之，**精壯基因的人的肌肉纖維比較鬆散，是必須熱身才能運動的人**。如果有段時間沒運動，或是因爲天氣太冷，導致肌肉變得僵硬，又突然需要運動，肌肉就會應聲斷裂。

常常有父親在參加小孩的運動會時肌肉拉傷對吧？這當然與運動不足有關，但是也與精壯基因有關。

精壯基因的人若要運動，請一定記得先暖身喲。

其實有七成的日本人運動神經不錯

是否容易長肌肉也與「靈活基因」這種基因有關。

靈活基因可決定向肌肉下達指令的神經的能力。所謂神經的能力就是靈活度。如果神經很靈活，就能對肌肉下達細膩的指令，而這也就是所謂「運動神經很好」的意思。

這種基因的分類分成靈活、標準、不靈活三種。為了方便說明，請大家想像成靈活基因的人有五條神經，標準基因的人有三條神經，不靈活基因的人只有一條神經。

比方說，這三種基因都下達「彎曲手指」這項指令。大家覺得手指會怎麼運動？如果只有一條神經的人，手指會僵硬得跟機器人沒兩樣，如果有五條神經，就能靈活地運動。

其實日本人有七成屬於靈活基因，有兩成屬於標準基因，剩下的一成則是不靈活基因。容易長肌肉的是靈活基因。不管是對快縮肌下達指令，還是在重訓之後對肌肉下達修復肌肉的指令，都能傳達相當準確且細膩的指令。這種能力會隨著標準基因與不靈活基因而遞減。

換言之，**如果是粗壯基因與靈活基因的人，只要稍微重訓，一下子就能變得粗壯**。反之，如果是精壯基因與不靈活基因的人，再怎麼努力，肌肉也很難變粗。

如果粗壯基因與靈活基因的人想要快速增加肌肉，可試著提高重訓的強度。因爲肌肉受傷的風險不高，就算受傷也很快就會復原，一下子就能繼續重訓。

反觀精壯基因與不靈活基因的人就比較適合中低強度以及增加次數的重訓，如果急著看到效果而拉高重訓的強度，很有可能會受傷而無法繼續重訓，所以請不要太勉強自己。這類型的人應該以細水長流的心態進行重訓較好。

看不見腹肌是因爲被脂肪遮住

想練出腹肌的人，除了是想追求健康與減重，更多的是想要擁有完美的身材，而這些人最常掛在嘴邊的就是「六塊肌」。

六塊肌的意思就是腹部會出現分成六塊的肌肉。有腹肌的確是件很酷的事，相信很多人都想問「到底該怎麼鍛鍊才能擁有六塊腹肌呢？」

其實，每個人都有六塊腹肌。

之所以看不見它們，是因爲上面蓋了一層脂肪。

連一下仰臥起坐都做不起來的人，腹肌的厚度大概只有2公釐。但就算是能夠做一千下仰臥起坐的運動選手，腹肌的厚度也只有3公釐。

其實完全無法做仰臥起坐的人與頂尖選手在腹肌的差異只有1公釐。由此可知，腹肌是再怎麼訓練也不會變厚的罕見肌肉。

只要消除腹肌上方的脂肪，不管屬於哪種肌肉基因，都能擁有清晰可見的腹肌。如果想要擁有漂亮的六塊腹肌，就先好好鍛鍊其他肌肉吧。

第 6 章

瞬累基因

大部分的日本人
都是很容易疲勞的基因

一下子就覺得疲勞，都是基因的錯

稍微走一下、跑一下就覺得很累。

因爲工作一直做不完而加班就立刻覺得很累。

放假在家，做點家事就立刻累到不行。

而且不管休息多久，還是無法消除疲勞。

「明明年輕的時候還能再堅持一下的啊……」或許你也有如此

感嘆，不過，會這麼容易累跟年紀或是有沒有好好鍛鍊身體可能沒什麼關係。

其實這世上就是有些人比較不容易累，有些人特別容易累。能夠一眼辨別你屬於哪一種的是「瞬累基因」。

瞬累基因是下達供能指令，讓身體能夠動起來的基因，以及讓血管收縮，藉此傳遞能量的基因。

如果這兩種基因都屬於不容易疲勞的類型，那你就是耐力十足基因。不管再怎麼激烈地運動，身體也不容易覺得累。

反之，如果上述兩種基因都屬於很容易疲勞的類型，就必須好好地休息才能消除疲勞。

不同類型的瞬累基因，會出現不同型態的疲勞：

A 耐力十足基因：不容易疲勞

B 容易疲勞基因：容易疲勞

C 立刻疲勞基因：非常容易疲勞

其實日本人幾乎都不是耐力十足基因的人。有些人讓人覺得「那個人的耐力眞是誇張」，有些人則誇口自己「我從來都不知道疲勞爲何物」，但這不過是人際之間互相比較的結果，放眼全世界的話，日本人絕對是屬於容易疲勞的類型。

雖然日本人給人一種不眠不休，認眞工作的印象，但從體質來看，這實在是很傷身體的習慣。其實**日本人若不適度地休息，就無法正常發揮能力。**

A

耐力十足基因

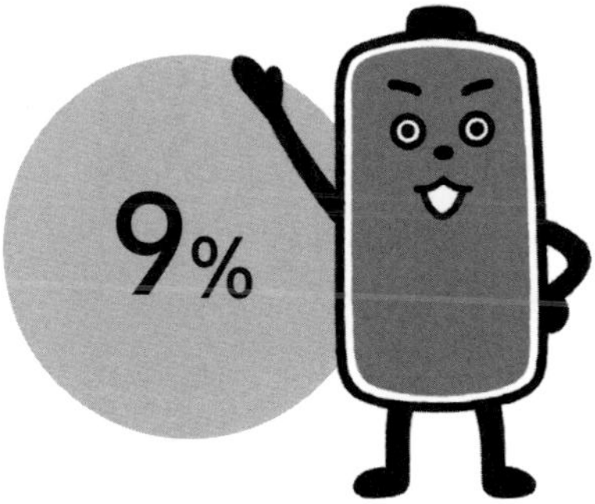

- 幾乎不會覺得疲勞
- 能夠一直活動，不需要休息
- 續航力很強
- 不需要睡太久
- 運動時，血壓不會上升

B

容易疲勞基因

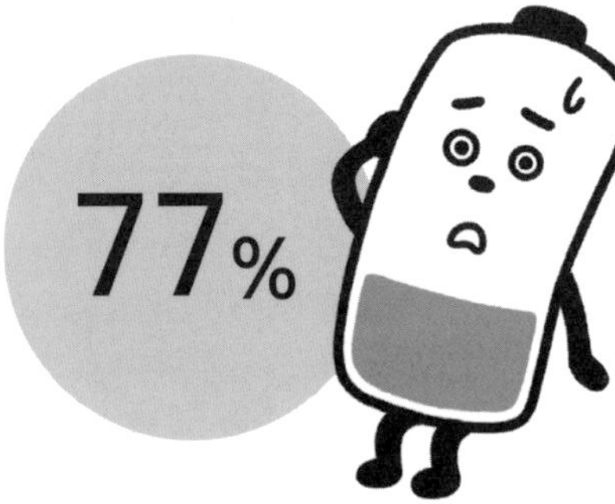

- 稍微動一下就會覺得疲勞
- 必須好好休息才能消除疲勞
- 沒什麼續航力
- 運動時，血壓不太會上升
- 睡眠時間需要 6 ～ 7 小時

C

立刻疲勞基因

- 動不動就會覺得疲勞
- 再怎麼休息也無法消除疲勞
- 完全沒有續航力
- 運動時，血壓就會立刻上升
- 睡眠時間需要 7 小時以上

日本人有九成會立刻覺得疲勞

決定能量供給能力的關鍵，就是在介紹老化基因時，連帶介紹的粒腺體。粒腺體是細胞內部的能量製造工廠，而這個能量製造能力，也決定了我們屬於容易疲勞或不容易疲勞的體質。

由於基因的特性是由粒腺體所決定，所以就如老化基因一樣，供給能量的基因也分成兩種。

也就是不容易疲勞與容易疲勞這兩種。

簡單來說，疲勞就是缺乏能量的狀態，換言之，消除疲勞，恢復活力的狀態就是補充了能量的狀態，所以**若能持續供給能量，就不會覺得疲勞。**

什麼都不做，只是靜靜地坐著的話，容易疲勞的人的工廠（粒腺體）也能來得及製造足夠的能量，可是只要活動身體，就會消耗較多能量，就得持續製造更多能量。

如此一來，容易疲勞的人的工廠（粒腺體）就會癱瘓，來不及生產足夠的能量。

大部分的日本人都屬於容易疲勞的基因；擁有耐力十足基因的人，大概每10人只有1人。反之，南美人與非洲人幾乎都是耐力十足基因的人。

比方說，足球這項運動就能忠實反映這類基因上的差距。日本足球國家隊總是很難踢贏巴西或阿根廷這類南美國家的足球隊對吧？我認爲這與足球的技術無關，純粹只是瞬累基因的差距而已。

容易疲勞的人與耐力十足的人對戰時，只能更換3名選手的這項規則就成了一大考驗。如果能夠更換10名選手的話，團隊就能維持相同的戰力，直到最後都可與對手抗衡。

立刻就覺得疲勞的人很容易高血壓

大部分的日本人都屬於很容易疲勞的類型，而且**還能依照讓血管收縮的基因，再分成「容易疲勞的基因」與「立刻疲勞的基因」**。

讓血管收縮的基因可分成讓血管強力收縮、輸送能量的「收縮型」以及不會讓血管收縮的「擴張型」，還有不屬於兩者的「中間型」。

收縮型屬於立刻疲勞的基因，擴張型與中間型則屬於「容易疲勞的基因」。如果擁有日本人少有的耐力十足基因，而且又屬於擴張型的話，就等於擁有最強的耐力十足基因了。

收縮型的人之所以會立刻覺得疲勞，是因爲血管會用力收縮，一次輸送了大量的能量。

這樣雖然能瞬間產生極大的力量，但工廠的倉庫也會瞬間被清空，必須稍微休息才能產生足夠的能量。

但相對的，這樣一來就無法應付時間較長的運動，反之，如果是以時間決定勝負的運動，就能以足夠的爆發力應戰。

此外，收縮型的人在活動時，都會一直壓迫血管，所以血壓容易變高，建議這類型的人要盡可能吃得清淡一點。

另一方面，**擴張型的人之所以不容易疲勞，是因爲活動時，血**

管也不太會收縮。

由於能量的供給速度是固定的，所以無法產生爆發力，但是工廠的倉庫卻永遠有庫存，能量永遠不會用完，故能長時間穩定地輸出力量。

擴張型的另一項特徵則是比較不會有高血壓的問題。

如果擴張型基因的人有高血壓問題，那一定不是因爲血管受到壓迫，而是脂肪堵住了血管。

請大家記住，「會慢慢罹患代謝症候群」與「很容易罹患代謝症候群」的人，都很有可能因爲血管被脂肪堵住而出現高血壓的問題。

容易疲勞的日本人需要睡夠6小時以上

容易疲勞的日本人到底該怎麼做，才能擁有比較不那麼容易疲勞的體質呢？我通常會在提供諮詢服務時，從飲食、睡眠與肌肉這三方面給予建議。

所謂的疲勞就是身體缺乏能量的狀態，所以從飲食補充能量特別重要。要打造不容易疲勞的體質，就不該限制碳水化合物、蛋白質與脂質這三大營養素的攝取。

對於過度攝取熱量或是**太胖的人來說，限制卡路里的攝取固然有效，但如果沒這些問題卻又限制卡路里的攝取量，只會徒增疲勞而已**。尤其不能限制醣質攝取量的人一旦減少了醣質的攝取，便會動不動就覺得疲勞。

睡眠是讓身體與大腦休息的時間。一般來說，只要好好休息，就能消除疲勞。對於**動不動就覺得疲勞的日本人來說，若不睡飽6～8小時，就無法消除疲勞，而且會越來越累**。

儘管日本人屬於容易疲勞的體質，卻常常睡眠不足。OECD（經濟合作暨發展組織）的調查指出，日本在所有調查對象的國家之中，睡眠時間是最短的，與第一名的南非相比，甚至少了兩個小時左右。

OECD 各國的睡眠時間（一天）

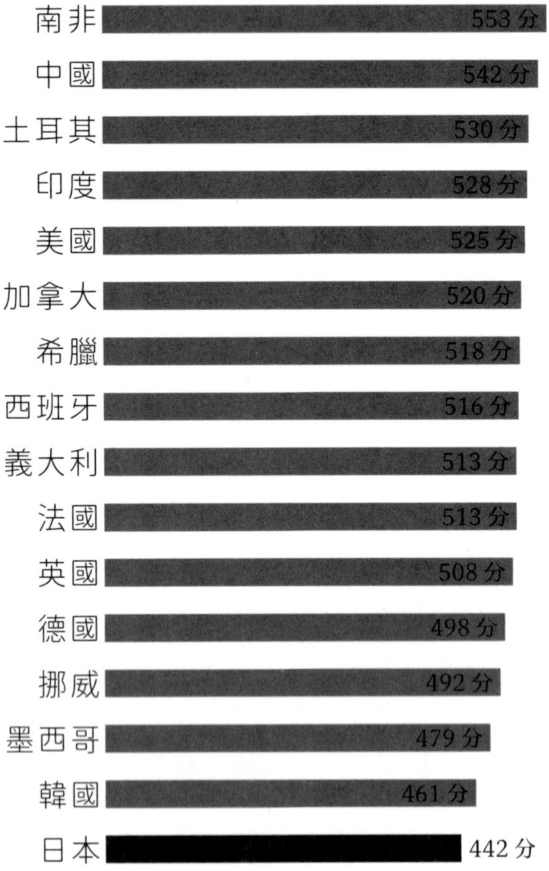

＊根據 OECD2018 年的資料繪製

如果是「總覺得很累」或是「好容易覺得疲勞啊」的人，請盡可能讓自己多一點睡眠時間。

順帶一提，**耐力十足基因的人屬於不需要睡太久的人，其需要的睡眠時間比容易疲勞的人短許多。**這是因爲耐力十足基因的人能夠一邊活動，一邊消除疲勞。

所以巴西人才能在里約的嘉年華會連續跳舞跳一週也沒事。

要想打造不容易疲勞的體質，肌肉當然也很關鍵。**若能隨著年齡增長，維持相對應的肌肉量，就比較不會覺得疲勞。**

供給身體能量，讓身體得以活動的能量製造工廠就是肌肉細胞之中的粒腺體，換句話說，**肌肉量不足，提供能量的能力就會下滑。**

反之，只要增加肌肉量，製造能量的工廠就會增加，能量的供給量也會上升，所以適度鍛鍊肌肉非常重要。

容易變粗的快縮肌只要經過訓練就會變粗，但是一不使用就會變細，製造能量的工廠也會變少。

我們不需要讓自己變得很壯，但至少養成每天做10下深蹲的習慣。

透過有氧運動鍛鍊不容易變粗的慢縮肌，也能增加能量的供給量。

雖然增加快縮肌能增加製造能量的工廠，但是鍛鍊慢縮肌則可提升工廠製造能量的效率。常常使用慢縮肌雖然不會讓肌肉變粗，卻能讓肌肉附近的微血管增加。血管是輸送氧氣與營養素這類能量原料的通路，所以當血管增加，就能快速運送製造能量所需的原料，也能不斷地製造能量。

飲食、睡眠、運動。

如果不屬於耐力十足基因，又想要打造不容易疲勞，能快速消除疲勞的體質，一定要注意上述這三件事。這些習慣將爲我們打造健康的身體。

結語

我們身體的特質由基因決定。一如本書所述，有些人很容易變胖，有些人不容易變胖，有些人只做有氧運動就能變瘦，有些人就是瘦不下來。有些人能練得像職業摔角選手那麼壯，有些人卻怎麼練也練不成。

使用與基因作對的減重方式減重，或是使用不對的方法養生，根本無法得到想要的結果，有些人也因此自責，覺得自己「沒用」或是「不夠努力」。

請大家不要再自責了。

無法達成理想的成果不是你的錯。

在我根據基因檢查結果替大約三千人提供諮詢服務之後，我發現，只有依照體質選擇適當的方式，才能輕鬆快樂地活下去。

本書介紹的基因都是從過去提供的諮詢服務得出的結論，所以雖然不算是100%得到科學實證的結果，但應該仍能幫助大家挑選適當的養生方法或是減重方式。

如果對自己的基因感到好奇，建議大家接受精密的基因檢查，一定會因爲六種基因與本書的分類完全一致而大吃一驚。

二〇二〇年二月　基因諮詢師　植前和之

搞懂基因，找出你的有效減重法！

容易胖、很快累不是你的錯，掌握 DNA 關鍵，輕鬆達成不復胖、不衰老健康人生

作　　者　植前和之
譯　　者　許郁文
責任編輯　陳姿穎
內頁設計　江麗姿
封面設計　任宥騰

行銷企劃　辛政遠、楊惠潔
總 編 輯　姚蜀芸
副 社 長　黃錫鉉
總 經 理　吳濱伶
發 行 人　何飛鵬
出　　版　創意市集

發　　行　英屬蓋曼群島商家庭傳媒股份有限公司
城邦分公司
歡迎光臨城邦讀書花園
網址：www.cite.com.tw
香港發行所　城邦（香港）出版集團有限公司
九龍九龍城土瓜灣道 86 號
順聯工業大廈 6 樓 A 室
電話：(852) 25086231
傳真：(852) 25789337
馬新發行所　E-mail：hkcite@biznetvigator.com
城邦 (馬新) 出版集團
Cite (M) Sdn Bhd 41, Jalan Radin Anum,
Bandar Baru Sri Petaling, 57000 Kuala
Lumpur, Malaysia.
電話：(603) 90563833
傳真：(603) 90576622
E-mail：services@cite.my

展售門市　115 臺北市南港區昆陽街 16 號 5 樓
製版印刷　凱林彩印股份有限公司
初版一刷　2024 年 5 月
I S B N　978-626-7336-81-6
定　　價　360 元

客戶服務中心
地址：115 臺北市南港區昆陽街 16 號 5 樓
服務電話：（02）2500-7718、（02）2500-7719
服務時間：週一至週五 9：30 ～ 18：00
24 小時傳真專線：（02）2500-1990 ～ 3
E-mail：service@readingclub.com.tw

※ 廠商合作、作者投稿、讀者意見回饋，請至：
FB 粉絲團：http://www.facebook.com/innoFair
Email 信箱：ifbook@hmg.com.tw

若書籍外觀有破損、缺頁、裝訂錯誤等不完整現象，想要換書、退書，或您有大量購書的需求服務，都請與客服中心聯繫。

國家圖書館出版品預行編目資料

搞懂基因，找出你的有效減重法！容易胖、很快累不是你的錯，掌握 DNA 關鍵，輕鬆達成不復胖、不衰老健康人生 / 植前和之著；許郁文譯 . -- 初版 . -- 臺北市：創意市集出版：英屬蓋曼群島商家庭傳媒股份有限公司城邦分公司發行 , 2024.05
面；　公分
譯自 : Sport injury prevention anatomy.

ISBN　978-626-7336-81-6(平裝)
1.CST: 基因 2.CST: 減重 3.CST: 老化 4.CST: 健康法

363.81　　113001850